全国职业技术院校模具制造/模具设计专业

高级模具钳工工艺与技能训练（第二版）习题册

中国劳动社会保障出版社

简介

本习题册是全国职业技术院校模具制造/模具设计专业教材《高级模具钳工工艺与技能训练（第二版）》的配套用书。本习题册紧扣教学要求，按照教材章节顺序编排，知识点分布均衡，题型丰富多样，难易配置适当，有助于学生复习巩固所学知识。

本习题册由刘光万主编。

图书在版编目(CIP)数据

高级模具钳工工艺与技能训练（第二版）习题册/刘光万主编. —北京：中国劳动社会保障出版社，2017

ISBN 978-7-5167-2942-7

Ⅰ.①高… Ⅱ.①刘… Ⅲ.①模具-钳工-职业教育-习题集 Ⅳ.①TG76-44

中国版本图书馆 CIP 数据核字(2017)第 054449 号

中国劳动社会保障出版社出版发行

（北京市惠新东街 1 号　邮政编码：100029）

*

北京谊兴印刷有限公司印刷装订　　新华书店经销

787 毫米×1092 毫米　16 开本　2.75 印张　62 千字

2017 年 3 月第 1 版　　2017 年 3 月第 1 次印刷

定价：5.00 元

读者服务部电话：（010）64929211/64921644/84626437

营销部电话：（010）64961894

出版社网址：http://www.class.com.cn

http://zyjy.class.com.cn

目　录

模块一　精密测量仪器及应用

课题一　合像水平仪的使用

一、填空题（将正确的答案填在横线上）

1. 在模具制造中，合像水平仪常用来校正模具基准件的＿＿＿＿＿，测量较大零件的＿＿＿＿误差和＿＿＿＿误差、零部件间相对位置的＿＿＿＿误差。

2. 合像水平仪主要由＿＿＿＿、＿＿＿＿、＿＿＿＿、＿＿＿＿、＿＿＿＿以及具有＿＿＿＿和＿＿＿＿＿的基座等主要部件组成。

3. 水准器安装在水平仪内带有杠杆的＿＿＿＿上，其水平位置可用刻度盘通过调整＿＿＿＿获得。

4. 使用合像水平仪时，由于被检验面的倾斜而引起两气泡的不重合，则转动＿＿＿＿，一直到两气泡＿＿＿＿为止。

二、判断题（在括号内正确的打“√”，错误的打“×”）

1. 合像水平仪的分度值为0.5 mm/1 000 mm。（　）

2. 框式水平仪因水平位置可以重新调整，所以比合像水平仪有更高的测量精度。（　）

3. 测量前，应检查合像水平仪的零位是否正确，即调节刻度盘调整值为零时，水准器的两半气泡应重合。（　）

4. 合像水平仪水准器的曲率半径比框式水平仪大，气泡稳定时间短。（　）

三、选择题（将正确的答案填在横线上）

1. 合像水平仪是用来测量水平位置或垂直位置微小角度误差的＿＿＿＿。

   A. 线值量仪　　B. 角值量仪　　C. 比较量仪

2. 精密的光学量仪应在＿＿＿＿进行测量、储藏。

   A. 室温下　　B. 恒温室内　　C. 车间内

3. 光学合像水平仪的水准器安放在支架上，＿＿＿＿。

   A. 可以移动调整　　B. 是固定的　　C. 转动或移动调整均可

4. 在使用光学合像水平仪时，当两半气泡A和B＿＿＿＿进行读数。

   A. 静止时　　B. 静止重合时　　C. 静止相错时

四、简答题

1. 合像水平仪的工作原理是什么？

2. 合像水平仪的测量范围为什么比框式水平仪大且测量精度也高？

3. 简述合像水平仪的使用方法。

课题二　万能工具显微镜的使用

一、填空题（将正确的答案填在横线上）

1. 工具显微镜可以精确地测量零件的________、________及检验零件的________。

2. 工具显微镜是机械工业中常用的光学计量仪器，它是一种以光学显微镜______和坐标（工作台）________为基础的光学机械式仪器，它利用________系统，通过物镜将近处的小物体放大，成像在目镜的焦平面附近，通过目镜观察放大了的物体。

3. 19JA 型万能工具显微镜由__________、__________、物镜和测角目镜、________、________、仪器调平螺钉、________、________、纵横投影读数器、纵横微动装置鼓轮等组成。

4. 万能工具显微镜的横向滑台上装有________、________和__________等，它可在底座的导轨上__________。

5. 影像法的测量原理是利用分划板上__________的一根分划线瞄准工件的影像边缘，并在投影读数装置上读出读数值，然后移动________，以同一根分划线瞄准工件影像的另一边，再作________读数。因为毫米刻度尺是固定在滑台上并与滑台一起移动，所以投影读数装置上两次读数的________，即为滑台的移动量，也就是工件的________。

6. 轮廓目镜配有多种插片分划板，可迅速方便地更换，分划板上分别刻有________、________和________等图形。

7. 圆分度台上玻璃台面的反面刻有________，移动纵向、横向滑台使十字线中心与瞄准显微镜分划板中心________，这时便可开始测量工作。

二、判断题（在括号内正确的打“√”，错误的打“×”）

1. 工具显微镜按其结构和测量范围不同，主要分为小型、中型和大型三种。（　）

2. 19JA 型万能工具显微镜的主显微镜装在臂架上，转动手轮可使其沿立柱垂直导轨作上、下移动，旋转手轮可使其相对立柱左、右倾斜 30°。（　）

3. 所谓轴切法就是通过圆柱体工件的中心轴线安装两把测量刀，让测量刀的刃口和圆柱体直径两边的母线分别紧密接触。通过测量两把测量刀刻线间的距离，就可间接得到圆柱体的直径值。（　）

4. 轮廓目镜上的轮廓分划板是被测工件轮廓的比较标准，通过将被测轮廓与标准轮廓进行比较，可作快速的测定。（　）

5. 装上圆分度头后，19JA 型万能工具显微镜增加一个绕水平轴转动的坐标，用它可对安装在顶针架上的工件进行圆周分度和测量。（　）

三、选择题（将正确的答案填在横线上）

1. 万能工具显微镜的纵向滑台用来安装顶针架、V 形架、分度台、平工作台、测量刀和垫板等，它可在底座的导轨上纵向移动。转动手轮可使滑台________移动，并锁紧在任意位置。

A. 左右　　B. 前后　　C. 360°

2. 万能工具显微镜的光学系统由瞄准显微镜系统和________组成。

A. 聚焦系统　　B. 成像部分　　C. 投影读数系统

3. 测角目镜的中央目镜分划板上有十字中心虚线和与十字中心虚线纵线平行且对称分布的________条刻线。

A. 2　　B. 3　　C. 4

4. 圆分度台安置在纵向滑台上，使万能工具显微镜增加了一个绕工作台垂直轴转动的坐标，用于零件的________和极坐标测量。

A．角度　　　　　　B．圆度　　　　　　C．同轴度

四、简答题

1．在万能工具显微镜上常用哪两种目镜？用途各是什么？

2．简述万能工具显微镜的维护与保养注意事项。

课题三　光学自准直仪的使用

一、填空题（将正确的答案填在横线上）

1．自准直是一种光学技术，它利用_________系统把视场光阑处分划板上的________投影到某一调焦位置的参考靶上，并使___________与参考靶的中心________，这种由两个中心描述参考直线的技术称为自准直。

2．当位于物镜焦面上的分划板被光源照亮后，从分划板上发出的光经过物镜后即形成平行光，这种光学系统结构叫作__________。平行光被垂直于光轴的________反射回来，再通过物镜后在焦平面上形成分划板标线像与________重合。当反射镜倾斜一个微小角度 α 时，反射回来的光束就倾斜________。

3．常用的光学自准直仪主要分为两大类：________光学自准直仪、________光学自准直仪。

二、判断题（在括号内正确的打“√”，错误的打“×”）

1．光学自准直仪又称为自准直仪，广泛应用于直线度和平面度的测量，但不可以测量

零件的垂直度或平行度。（　）

2. HYQ—03 型光学自准直仪常称为平直度检查仪，其基本结构由仪器主体和体内反射镜两部分组成。（　）

3. HYQ—03 型光学自准直仪的物镜焦距为 400 mm，最大测距可达 5 000 mm。（　）

4. 在使用光学自准直仪测量前，应将仪器主体放置在被测件的一端或被测件以外稳固的基础上，反射镜座放在被测件上，并且要与仪器主体在同一水平面内。（　）

三、选择题（将正确的答案填在横线上）

1. 只要用光学自准直仪的测微机构测出________，就可得出反射镜的角度变化值，这就是自准直仪测量微小角度的基本原理。

A. 偏离量　　B. 最大间隙值　　C. 角度值

2. 光学自准直仪中像的偏离量由反射镜转角所决定，而与反射镜的距离无关，因此光学自准直仪可用来测量反射对光轴________方位的微小偏转。

A. 平行　　B. 直线　　C. 垂直

3. 直线度误差通常是以被测表面测量方向上各点至某一参考线之间的距离来计量的。参考线一般是取被测表面的________和末端点的连线。

A. 终止点　　B. 起始点　　C. 中间点

四、简答题

1. 简述光学自准直仪的工作原理。

2. 简述光学自准直仪的操作方法。

课题四　圆度仪的使用

一、填空题（将正确的答案填在横线上）

1．圆度仪是根据＿＿＿＿＿法，以精密旋转轴线作为测量基准，采用＿＿＿＿＿＿、＿＿＿＿等传感器感知被测件的＿＿＿＿＿变化量，并按圆度定义作出评定和记录的测量仪器，用于测量回转体内、外圆及圆球的＿＿＿＿、＿＿＿＿等。高精度圆度仪的旋转精度可达＿＿＿＿μm左右。

2．圆度误差是实际被测圆轮廓对所选定的基准圆圆心的＿＿＿＿差，其公差带是在同一正截面上半径差为公差值的＿＿＿＿＿之间的区域。

3．圆度仪因轴系旋转方式的不同有＿＿＿＿、＿＿＿＿两种结构形式。

4．圆度仪的测头形式有＿＿＿＿、＿＿＿＿、＿＿＿＿、＿＿＿＿。

二、判断题（在括号内正确的打“√”，错误的打“×”）

1．测量具有窄边和锐边的回转面应选用球形测头。（　　）

2．圆度仪是专用设备，精度要求非常严格，台式仪器需要进行调心调平等调整步骤，仪器效率相对通用仪器要低很多。（　　）

三、选择题（将正确的答案填在横线上）

1．测量圆柱面时常用＿＿＿＿测头，测量时有利于滤除被测面表面粗糙度对测量的影响，还可清除被测面上的灰尘和脏物。

A．斧形　　B．球形　　C．圆柱形

2．用圆度仪测量圆柱度误差时，要将导柱或导套的轴线调整到与量仪的回转轴＿＿＿＿。

A．平行　　B．同轴　　C．垂直

四、简答题

1．简述圆度仪的特点。

2. 简述圆度仪的维护与保养方法。

课题五　三坐标测量机的使用

一、填空题（将正确的答案填在横线上）

1. 三坐标测量机是根据__________法，采用_________、__________等形式的传感器随 x、y、z 等相互垂直的导轨相对________或________，并与固定于工作台上的被测件接触或非接触________、________，用计算机处理数据，显示、打印测量结果，用于____________的测量、定位等的测量器具。

2. 三坐标测量机的种类较多，按其结构形式，大体可分为以下四类：____________、________、________和__________。

3. 三坐标测量机是典型的机电一体化设备，它由__________、________、__________、______________四大部分组成。

4. 使用三坐标测量机测量工件的第一步是________，以达到测量所要求的精度。

二、判断题（在括号内正确的打“√”，错误的打“×”）

1. 三坐标测量机的测量功能包括测量尺寸精度、定位精度、几何精度及轮廓精度等。（　　）

2. 测头的类型按测量的方法可分为接触式和非接触式（激光、光学）两类，在接触式测头中又分为机械式测头和电气接触式测头。（　　）

3. 机械式测头为刚性测头，这类测头形状简单，制造容易，因此得到了广泛使用。（　　）

4. 对控制系统进行参数设置，并进行测头定义和测头校正以及测针半径补偿是电气控制系统的主要功能之一。（　　）

三、选择题（将正确的答案填在横线上）

1. 轻便易携带、具有非常好的灵活性、功能齐全、测量范围宽广、可与多种通用商业软件配合使用并有温度补偿系统的三坐标测量机是________。

A. 龙门式三坐标测量机

B. 水平臂式三坐标测量机

C．关节臂式三坐标测量机

2．电气式测头的触端与被测件接触后可作________，传感器输出模拟位移量信号，这种测头既可以用于瞄准，也可以用于测微。

A．偏移　　B．补偿　　C．转动

3．三坐标测量机的控制中枢是________。

A．输入输出控制系统　　B．电气控制系统　　C．计算机控制系统

四、简答题

1．简述三坐标测量机的原理。

2．光学式测头的优点有哪些？

模块二　精密、复杂、大型零件划线

课题一　精密、复杂零件划线

一、填空题（将正确的答案填在横线上）

1. 划线时用来确定工件的各部分________、________及________的依据称为划线基准。选择划线基准应将________、________、________及划线工具等综合起来分析，找出工件上与各个方面有关的点、线或面作为划线时的尺寸基准、________及________。

2. 选择放置基准时，应选择能使工件上的主要________、________平行于平台面的面为放置基面，这样可以提高划线质量，简化划线过程。

3. 在选择划线的尺寸基准时，应先________，找出__________，使划线的________与________一致，这样才能直接量取尺寸，简化尺寸换算手续，提高划线质量和工作效率。

4. 应选择工件上与加工部位有关、外观质量要求较高的________，或比较直观的面（如凸台、非加工孔、对称中心和非加工的自由表面）作为找正基准，这样，按划线加工后，能使________与________之间厚度均匀，并且使非加工面的________反映在次要的部位或不显著的部位。

5. 在用划线盘找正工件水平方向上的非加工面的同时，还要用直角尺（大件用线坠）找正工件________方向的非加工面是否与平台________，才能保证加工面与非加工面之间的厚度均匀。

二、判断题（在括号内正确的打“√”，错误的打“×”）

1. 当第一划线位置确定后，应选择大而平直的面为放置基面，这样可以保证划线时平稳、安全。（　　）

2. 借料能使某些铸、锻毛坯件在尺寸、形状和位置上存在的较小误差缺陷得到排除，从而提高毛坯件的利用率。（　　）

3. 借料是一项简单的划线工作，往往一次借料便能成功，不需要多次试划。（　　）

三、选择题（将正确的答案填在横线上）

1. 当第一划线位置确定后，若有两个基面可以选择时，应选择工件________的一面为放置基准。

A. 重心高　　B. 重心低　　C. 重心低、重心高均可

2. 用来找正工件在平台上________的基准即为划线的找正基准。

A. 平行位置　　B. 垂直位置　　C. 正确位置

3．借料的第一步是，仔细研究图样，测量和确定毛坯工件各部位尺寸的________，看是否有挽救的可能性。

A．偏移量　　　　B．余量　　　　C．合理性

四、简答题

1．找正基准的选择原则是什么？

2．简述借料的步骤。

课题二　畸形、大型零件划线

一、填空题（将正确的答案填在横线上）

1．对畸形零件的划线来说很难找到其规律，只能根据具体零件而定，一般都借助一些辅助工具，如________、________、________、________等来实现。

2．大型零件的划线方法有______________、______________。

3．在进行大型零件划线时，一般都需用大型平台，如缺乏大型平台，则应设法拼装，其方法有：__________、__________、__________、__________。

4．拉线与吊线法是采用拉线、________、________、__________和钢直尺互相配合，通过__________的方法来完成划线工作。

二、判断题（在括号内正确的打"√"，错误的打"×"）

1．对于特大型零件，可用拉线与吊线法来划线，它只需经过一次吊装、找正就能完成

零件三个位置的划线工作，避免了多次翻转零件的困难。（ ）

2. 畸形零件由于形状奇特，可以不必按基准进行划线。（ ）

3. 划线时，千斤顶主要用来支承半成品零件或形状规则的零件。（ ）

4. 当需要划线的零件长度超过平台长度的 1/3 时，可通过将零件移位的方法解决缺乏大型平台的困难。（ ）

5. 制造大型零件所需的材料和工时较多，加工工艺复杂，所以，大型零件划线不必反复检查核对。（ ）

三、选择题（将正确的答案填在横线上）

1. 大型零件划线时，为保证零件安置平稳、安全可靠，选择的安置基面必须是________。

A. 大而平直的面　　B. 加工余量大的面　　C. 精度要求较高的面

2. 正确选择零件的________对于大型、畸形零件的划线尤为重要。

A. 加工基准　　B. 尺寸基准　　C. 放置基准

3. 大型零件划线时，应尽量选定精度要求较高的面或主要加工面作为第一划线位置，主要是________。

A. 为了减少划线的尺寸误差和简化划线过程

B. 为了保证它们有足够的加工余量，经加工后便于达到设计要求

C. 便于全面了解和校正，并能划出大部分加工线

四、简答题

1. 简述畸形零件划线的工艺要点。

2. 简述畸形、大型零件划线的注意事项。

模块三　特殊孔加工

课题一　小孔、深孔、斜孔、相交孔加工

一、填空题（将正确的答案填在横线上）

1. 钻削小孔时要求________，故产生的切削温度也高，加剧钻头________。

2. 在钻削直径小于1 mm的小孔时排屑很困难，钻头易________。

3. 钻削小孔要选择主轴________、________、________的钻床。钻削直径为1～3 mm的孔时，转速应达到____________________r/min；钻削直径小于1 mm的孔时，转速应达到____________________r/min。

4. 钻削小孔时，可用________钻孔或用__________先钻引导孔，以免钻头滑移。

5. 若深孔深度超过钻头的总长度甚至更深，可使用________或________钻孔；对于一些特殊的深孔，如直径在3 mm以上的透孔加工，一般采用______________等专用设备，或在________________上进行，此时需要特制的深孔钻头。

6. 按相交孔两孔中心线的相互位置的不同，可将相交孔分为________、________、偏交等几种。

7. 钻削相交孔时，钻头会受到____________的作用而被迫向一边偏斜产生弯曲，这会使得钻出的孔________或出现________等缺陷，并且还会使钻头容易折断。

8. 为了加强钻头的________作用，限制钻头的晃动，也可采用半孔钻头加工。

9. 钻斜面孔有三种情况：在_____________上钻孔、在___________上钻斜孔和在________上钻孔。它们都有一个共同的特点：孔的轴线与钻孔端面________。

10. 在斜度较大的斜面上或圆柱形工件的斜面上钻孔时，可先用与孔径相同的________铣出一个与钻头轴线________的平面，然后再钻孔。

二、判断题（在括号内正确的打“√”，错误的打“×”）

1. 塑料模中的冷却水道孔的精度要求不高，但要防止偏斜。（　　）

2. 过长的低精度孔不可以采用划线后从两头对钻的加工方式。（　　）

3. 中小型模具的孔一般在摇臂钻床、镗床及深孔钻床上加工，较先进的方法是在加工中心机床上与其他孔一起加工。（　　）

4. 钻斜面孔时，可先用小钻头钻出一个浅孔，起定向作用，然后再用标准麻花钻头钻孔。（　　）

三、选择题（将正确的答案填在横线上）

1. 钻深孔时应注意，钻到直径的________倍时，需将钻头提出排屑，以免钻头因切屑

阻塞而折断。

A. 5　　　　B. 4　　　　C. 3

2. 对于孔径不同的相交孔，应先钻________，然后钻________。

A. 小孔、大孔　　　　B. 大孔、小孔　　　　C. 小孔、大孔的预孔

3. 在斜面上钻孔可用________钻出一个较大的锥坑（钻前可用錾子在斜面上錾出一个小平面），然后再钻孔。

A. 标准麻花钻　　　　B. 群钻　　　　C. 中心钻

4. 对于________的斜面工件，钻削时可制作钻斜孔专用夹具。

A. 体积较小、结构简单

B. 体积较大、结构简单

C. 体积较大、结构复杂

四、简答题

1. 简述小孔钻削的加工特点。

2. 简述相交孔的加工方法。

课题二　精密孔、孔系加工

一、填空题（将正确的答案填在横线上）

1. 精密孔即高精度孔，是指对____________、________________（包括孔心距精度）以及____________要求较高的孔或孔系。

2. 精密孔系是具有相互位置精度的一系列孔的组合，孔组的________、________或孔轴线与基准表面（或基准轴线）间都有较高的精度要求。通常它包括______________孔系、________孔系和________孔系三类。

3. 在立式钻床或摇臂钻床上，借助一些辅助装置人为地去找正每个被加工孔的正确位置，这种方法称为__________。

4. 用定心套找正对刀法，先要在工件表面上划出孔系的________，根据划线在各被加工孔位中心钻出比要求孔径略小的________，然后在各孔位上分别用螺栓轻轻拧紧一个________。

5. 用坐标法加工时，要先将被加工孔系的孔心距尺寸转化为两个________的坐标尺寸，然后按此坐标尺寸，精确地调整工件与机床主轴间在 x、y 两垂直方向的__________，以保证两孔的孔心距。孔心距的精度主要取决于工件或主轴的________。

二、判断题（在括号内正确的打“√”，错误的打“×”）

1. 钻孔作为精密孔的预加工工序，其加工精度和表面粗糙度要求较高。（　　）

2. 在缺少定尺寸铰刀或其他形式的精加工条件时，可采用精钻扩孔的方法，以提高孔的尺寸精度并降低表面粗糙度值。（　　）

3. 如果在普通立式钻床或摇臂钻床上用坐标法加工精密孔系，可采用精密直角靠铁作为工件的定位基准表面。（　　）

三、选择题（将正确的答案填在横线上）

1. 在实际生产中，对某一工件的孔选用何种加工方法，取决于工件的形状、尺寸大小和孔的________以及材质、生产批量等条件。

A. 精度　　B. 形状　　C. 技术要求

2. ________加工和找正很费时，且误差较大，只适用于单件、小批量生产中对孔心距要求不高的孔系。

A. 试切钻孔法

B. 钻预孔、扩孔法

C. 数控钻削法

3. 采用定心套、量块和心轴找正对刀法，操作较费时，技术要求较高，但孔距精度能达到________mm。

A. ±0.30　　B. ±0.03　　C. ±0.10

四、简答题

1. 采用坐标法加工孔系，在选择原始孔和孔加工顺序时应考虑哪些原则？

2. 简述精密孔系加工的注意事项。

课题三　特殊材料孔及非平面上孔的加工

一、填空题（将正确的答案填在横线上）

1. 铸铁硬度高、强度低，含有石墨，组织疏松，与钢相比，钻削力不大，但铸铁的________小，________高，________低，热量集中在________，崩碎的切屑夹在钻头后面的孔壁间，产生剧烈摩擦，钻深孔时________难以排出，加剧了钻头的磨损。

2. 刃磨三重顶角钻头时，可在主切削刃处磨出________，增强________强固性。当铸件表面偶尔有铸铁黑皮时，能避免________现象。

3. 与直刃麻花钻相比，大圆弧刃钻头的________长度增加，在相同的孔径和进给量时，外缘转角处切削厚度逐渐________，________变长，________好，避免了磨损集中在外缘转角处，可使钻头使用寿命提高________倍。

4. 铜和铜合金有高的________和良好的________，其切削加工性能比黑色金属好，所允许的切削速度较高，但纯铜________低，________好，塑性、韧性大，不易________，切屑易黏附在钻头的________上，加剧钻头磨损，且易形成________，影响钻削的表面质量。

5. 不锈钢比较难加工，相同条件下的钻削力比 45 钢高 10% ~30%，________现象严重，________趋势剧烈，加工后表面显微硬度有显著提高，________差，仅为碳素钢的1/4～1/3，切削热易从工件传出，加大切削刃的________。

6. 淬火钢的组织为________，硬度很高，________低，________大，切削热大。

7. 钻削普通淬火钢的钻头修磨前面后，主切削刃的________呈“棱面”，增强刃口的________和________，使切削刃上的“楔形”强度________，“棱面”有利于钻削热的传出，切削刃的________情况大为减少。

8. 在斜面上钻孔的钻头直径为10～40 mm时，钻心横刃长度 $b=$ ________mm，圆弧刃半径 $R=1/6d_0$，内刃顶角 $2\phi=$ ________。

9. 标准群钻的刃磨顺序是：磨尖高、________、________、________、________、磨分屑槽。

二、判断题（在括号内正确的打“√”，错误的打“×”）

1. 为改善钻头切削部分的散热条件，可磨出三重顶角，使钻头外圆转角处变窄。（ ）

2. 钻削低强度材料磷青铜时，大圆弧刃钻头的圆弧半径 $R=0.8$ mm、顶角 $2\phi=180°$。（ ）

3. 60°定心钻头由于切削刃锥面短，钻头散热条件良好，在高速钻削条件下不易因发热而烧伤，可大大提高钻头使用寿命。（ ）

4. 不锈钢断屑钻头上开有分屑槽，排屑好，可进行大进给切削，散热好，可提高钻头使用寿命。（ ）

5. 在大圆弧面上钻孔，可把铸钢群钻的五尖十一刃改为三尖七刃，使主切削刃分刃切削，减轻轴向抗力，钻削轻快。（ ）

6. 在刃磨群钻时，对直径12 mm以下的钻头通常都不磨分屑槽，如果需要可采用薄片树脂砂轮，在钻头外刃一侧磨一条即可。（ ）

三、选择题（将正确的答案填在横线上）

1. 三重顶角钻头的外刃顶角 2ϕ 是________。

A. 60° B. 90° C. 120°

2. 大圆弧刃钻头直线切削刃长度应根据圆弧刃半径 R 值确定，一般定为整个切削刃长度的________。

A. 1/4～1/3 B. 1/5～1/4 C. 1/6～1/5

3. 大顶角钻削铝合金钻头采用了________，以减少钻头与工件间的摩擦。由于排屑带走了部分热量和工件本身的导热性好等因素，钻削时温度不高。

A. 大前角 B. 大顶角 C. 大后角

4. 钻削渗碳工件的高效钻头在修磨时，应减小外刃顶角 2ϕ，延长切削刃，降低长度切削负荷，使刃口加宽，有利于________。

A. 扩散热量 B. 减少摩擦 C. 延长钻头使用寿命

5. 关于标准群钻刃磨弧刃的目的，以下________说法是错误的。

A. 增加钻头切削刃长度

B. 钻削时中心稳定，孔的直线性好，不易偏斜

C. 切屑不易变形折断

四、简答题

1. 简述标准群钻刃磨内刃的要求和方法。

2. 简述刃磨群钻的注意事项。

模块四　高精度零件加工

课题一　高精度配合件加工

一、填空题（将正确的答案填在横线上）

1．锉削时可选用已作为________基准、________基准的面作锉削基准。

2．在拟定锉削加工步骤时，应先锉削精度________的面，后锉削精度________的面；先锉削________面，后锉削________面；先锉削________后锉削________，先锉削________后锉削曲面。

二、判断题（在括号内正确的打“√”，错误的打“×”）

1．锉削时可选用加工精度最高的面作为锉削基准。（　　）

2．锉削基准面时，在必须达到精度及表面粗糙度要求的前提下，应尽量增加锉削余量。（　　）

3．锉削中的划线是作为粗锉时的依据，有了明确的锉削界线，粗锉时就能大胆地进行锉削。（　　）

三、选择题（将正确的答案填在横线上）

1．锉削时可选用锉削余量________的面作为锉削基准。

A．最多　　B．最少　　C．适中

2．锉削加工时，应从________来考虑加工的先后。

A．加工方便　　B．装夹方便　　C．测量方便

四、简答题

1．简述锉削基准的选择原则。

2．锉削加工过程中应注意哪些问题？

课题二 高精度零件的修整、研磨与抛光

一、填空题（将正确的答案填在横线上）

1．模具异型孔、型腔的工作表面要求有较高的硬度，一般要进行淬硬处理，硬度达________，热处理后由钳工进行________、________或________。

2．__________是以加工成型的凸模作为基准件，对凹模的型孔、凸模固定板、卸料板等进行压印，然后由模具钳工根据压印进行__________。

3．压印前型孔应先去除毛刺，留出压印锉修所需的余量。锉修余量不宜过大，一般每边取________左右。当利用凸模锉修凹模孔时，余量应尽量________，一般每边取________左右。若压印后由仿形刨加工凸模，余量可适当放________，每边取________左右。

4．型孔常规的修整方法有____________和____________。对一些外表面形状复杂，带有凸、凹沟槽的部位，则需采用______________________________从不同角度对其不规则表面进行加工、修型、研磨和抛光。

5．电动式手持研磨抛光机是利用____________来驱动手持修整研磨器，它分________和________两种传动形式。往复式手持打磨修整研磨器的往复行程为__________，往复频率为____________。

6．凿碾加工是利用金属的________，用小凿子和小碾子对模具型腔、型芯等成型零件进行________、________、________和________的一种特殊操作工艺，是一种少切削、不切削的加工。

7．凿碾用的工具很简单，主要是________和________，还配备校验用的橡皮泥和必要的各种自制的________。

8．小凿子和小碾子体积较小，只能用大拇指、食指、中指捏握。小凿子和小碾子的捏法有：________、________、________。

9．凿碾的纹面有________、________、________。

10．模具表面研磨与抛光的新方法有：____________、____________、____________、

________、________等。这些方法大大提高了模具_______和_______，缩短了模具制造周期，降低了模具制造成本。

11. 精密研磨后的工件表面无波度，故_______强，_______和________高。

12. 精密研磨的加工质量是由_________的精度、_________的精度及操作者的_______和________三者决定的。

13. 机研研具一般选用_______，根据研磨的轨迹，其表面多开_______槽或_______槽。

14. 三块平板互研法是利用________原理，对三块硬度基本相同的平板按一定顺序________研磨，在研磨过程中要保持等温，采用_______研磨，以防止产生发热变形。

15. 在研磨套规的过程中，应时刻注意套规与研套间的________间隙，并及时调整研棒以保持良好的研磨间隙，注意经常测量________。

16. 磁性研磨时，工件一面旋转，一面沿轴线方向_______，使磁性磨料与被研表面产生相对________运动，其加工精度可达到_______μm，表面粗糙度值可达到_______μm。

17. 电解研磨时，研具既作为电解加工的_______，又起研磨作用，工件为_______。

18. 挤压研抛是利用__________作介质，混以磨粒而形成_________反复挤压被加工表面的一种精密加工方法，主要用来研抛各种型面、_______，去除_______或________等。

19. 超声波抛光具有较好的表面质量，不会产生________和__________，其表面粗糙度可以达到 Ra 值小于_______μm。

二、判断题（在括号内正确的打“√”，错误的打“×”）

1. 压印时，将已加工成型并已淬硬的凸模放在凹模型孔处，用角尺或精密方箱校正压印凹模的垂直度和相对位置。（ ）

2. 在首次压印时，最好去掉全部余量的60%以上，并严格保证精度。（ ）

3. 在对多型孔固定板压印时，为了简化步骤，可利用已制成的多型孔凹模作为导向件对固定板进行压印。（ ）

4. 在沟、槽等狭窄处多采用往复式抛光研磨器，可使用扁薄的油石、竹片、铜片蘸上研磨膏进行打磨修整，但不能安装什锦小锉刀对模具进行锉削、精修。（ ）

5. 立体形态的雕琢凿碾比花边图案的凿碾简单。（ ）

6. 精密研磨的表面粗糙度值可达 Ra0. 025 μm，能使两相配零件的接触面达到精密配合。（ ）

7. 精密研磨不但能获得稳定的尺寸精度、高的形状精度和极低的表面粗糙度值，还能提高表面的相互位置精度。（ ）

8. 湿研平板分为开槽与不开槽两种，开沟槽的作用是能将多余的研磨剂刮去，保证工件与平板直接接触，使工件获得高的平面度。（ ）

9. 研磨速度对加工精度有重要影响，粗研时应选择低速，精研时应选择高速。（ ）

10. 研磨压力是研磨表面单位面积所承受的压力。通常研磨硬材料的压力要比软材料的压力高，湿研磨比干研磨压力高，粗研磨比精研磨压力高。（ ）

11. 研磨批量较大的精密平面零件，可在研磨机上加工，为保证研磨质量，在精研过程

中，应视不同情况，进行一次或多次工件换位。（ ）

12．研磨精密孔时，工件出现喇叭口故障的解决方法是修整研具，工件要前后移动，以避免研磨棒在孔底停留时间过长。（ ）

13．内外圆锥配对研磨，若配合接触显示不良，应先将圆锥孔用圆锉刀修锉，以改善显点，待显点均布后方可研磨。（ ）

14．电解研磨是电解加工与机械研磨相结合的复合加工工艺，用来对外圆、内孔、平面进行表面光整加工及镜面加工。（ ）

15．电解研磨可以对碳钢、合金钢进行加工，但不能加工不锈钢。（ ）

16．抛光时，软质的抛光器由于塑性流动作用和微切削作用较强，其加工效果主要是降低表面粗糙度值，而对工件的尺寸精度和几何精度的改善几乎不起作用。（ ）

17．为使研抛头在整个加工过程中保持精度，研抛具应具有一定的研抛刚度和耐磨性，研抛头不得在加工过程中产生变形。（ ）

18．液中研抛的抛光器材料为中硬度的聚氨酯，它是一种渗水材料，在抛光液中可获得稳定不变的浮起间隙，并对工件有黏附作用。（ ）

三、选择题（将正确的答案填在横线上）

1．用凸模对型孔压印，就是通过凸模的________作用，在被压印的型孔上产生印痕。取下凸模和凹模，由钳工按凹模型孔的印痕锉去型孔部分的加工余量。

A．挤压与刮削　　B．强压与切削　　C．挤压与切削

2．首次压印时，凸模压入型孔的深度不宜过大，应控制在________mm 左右。

A．0.2　　B．0.5　　C．1

3．压印工艺冲头的最小尺寸取型孔要求的最小尺寸，制造公差取型孔公差的________。

A．2 倍　　B．1/4　　C．1/2

4．气动式手持研磨抛光器分为直式和________两种，它们能带动夹持在夹头上的各种系列磨头和抛光轮。

A．旋转式　　B．角式　　C．往复式

5．精密研磨是使用比工件材料软的研具、极细的磨料和润滑剂，在________条件下，使被加工表面和研具间产生相对运动并加压，磨料产生微量切削、挤压等作用，从而去除工件表面的凸峰，使表面精度提高，表面粗糙度值降低。

A．高速、低压　　B．低速、高压　　C．低速、低压

6．精密研磨原理可归纳为微量切削作用、物理作用和________。

A．化学作用　　B．腐蚀作用　　C．配合作用

7．精密研磨是零件加工的________工序。

A．第一道　　B．第二道　　C．最后

8．研磨平板多制成正方形，分开槽与不开槽两种，开槽的形状为________V 形槽。

A．15°　　B．30°　　C．60°

9．用两块硬度相同的平板互研时，可借助上平板的自重产生压力，然后按不同运动轨迹移动上平板 2 ~ 3 min（下平板固定），再按无规则的________字形轨迹，柔和、缓慢地推动上平板，并不时作 90°或 180°转位。

A. "8"　　B. "S"　　C. "Z"

10. 研磨工件内圆柱面时，工件慢速转动，研磨棒________。

A. 不动　　B. 反方向转动　　C. 不转动，只左右移动

11. 研磨工件内圆柱面时出现中间小两端大的原因是________。

A. 研磨剂中混有较粗磨粒或异物

B. 研具与孔配合太紧，操作不稳

C. 研具与孔配合太松，工件没有把正

12. 磁性研磨压力的大小随磁通密度及磁性磨料填充量的增大而________。

A. 增大　　B. 减小　　C. 不变

13. 超精研抛加工时，将工件浸泡在超精研抛液池中，研抛液中的自由磨粒在________作用下，不断地翻滚，使其各刃边均能充分地发挥作用。

A. 摩擦力　　B. 研抛力　　C. 压力

14. 超声波抛光是超声波加工的一种特殊应用，它只对工件进行________加工，加工后不但可减小工件表面粗糙度值，甚至可得到近似镜面的光亮度。

A. 形状与位置　　B. 表面　　C. 微量尺寸

15. 在超声波抛光时，软质抛光工具每件只能专用一种粒度的磨料，否则粗细混杂，不能使用。磨料粒度应________逐级降低，不能破坏次序使用。

A. 从粗到细　　B. 从细到粗　　C. 从多到少

四、简答题

1. 简述压印锉修的过程。

2. 精密研磨与抛光有什么作用？

3. 高精度平板的研磨主要有哪几种方法？

4. 根据圆柱内孔精密研磨出现的质量问题，把产生原因及解决措施补充完整。

序号	质量问题	产生原因	解决措施
1	中间小两端大	研具与孔配合太紧，操作不稳	
2	多棱孔	研具与孔配合太松，工件没有拿稳	
3	内孔划伤		去毛刺，清洗研具及工件，更换研磨剂
4	孔的直线度不好，各段错位	研具与工件孔配合过松，轴向往复运动长短不一	
5	孔口或槽口附近局部尺寸大		及时擦去多余研磨剂，清洗后用新研棒光整全孔
6	倒锥	研棒倒锥过大，在孔底停留时间过长	
7	喇叭口		修整研具，调整配合间隙，把稳工件

5. 简述超精研抛的特点和原理。

模块五　复杂冷冲压模具的装配、调试与维修

课题一　复杂冷冲压模具的装配

一、填空题（将正确的答案填在横线上）

1. 在压力机的一次工作行程中，在模具同一部位同时完成________工序的模具称为复合模，复合模可分为________复合模和________复合模。

2. 级进模又称________、________，是指压力机在一次行程中，依次在模具几个不同的位置上同时完成________工序的冷冲模，整个制件的成形是在级进过程中逐步完成的。

3. 用导正销定位的级进模，为了保证首件的正确定距，用__________首次定位；第二工位由_________进行初定位，由两个装在落料凸模上的________进行精定位。

4. 常用的凹模物理固定方法主要有________、_________、_________、_________、________。

5. 冷冲模的凸、凹模之间的间隙是直接影响________的质量和________寿命的重要因素之一，其间隙大小虽然规定有一定的公差范围，但在装配时必须调整均匀才能保证冷冲模的装配质量。

6. 调整间隙的方法较多，在实际装配中可根据冷冲模的________、________、间隙的大小及装配实践经验的积累而采用不同的方法。

7. 如果用工艺留量法调整凸、凹模间隙，在装配前先不要将凸模（或凹模）刃口尺寸做到所需尺寸，而是留出_________，使凸模与凹模成________的配合。待装配后取下凸模（或凹模）去除_________或换上工作凸模，以得到应有的间隙。

8. 复合模、级进模装配前应首先选择好基准件，原则上可按冷冲模主要零件加工时的加工工艺和加工精度来确定。可作为装配基准件的零件主要有导向板、________、________和________等。

9. 冷冲模在装配结束及经检查间隙符合要求后，必须在__________条件下进行试冲，边试冲边_________，直至符合___________为止，然后用尚未用销钉固定的零件配钻铰销钉孔，配入销钉，并再次进行试冲。

二、判断题（在括号内正确的打“√”，错误的打“×”）

1. 用导正销定距的级进模多用于板料厚度 $t<0.3$ mm 或较软的材料。（　）

2. 级进模中导正销与落料凸模的配合为 H7/K6。（　）

3. 卸料机构运动要灵活，无卡阻现象，卸料元件应承受足够的卸料力。（　）

4. 对于大型冲模中冲小孔的易损凸模，可以采用快换凸模的固定方法，以便于修理与

更换。（　　）

5. 将拼块嵌入固定板内定位，采用基轴制过渡配合，然后用螺钉紧固，侧向承载能力较强的固定方法，称为压入固定法。（　　）

6. 工艺留量法是一种将冲模的装配间隙值以工艺余量留在凸模或凹模上，通过工艺余量来保证间隙均匀的方法。（　　）

7. 涂层法是在凸模上涂上一层薄膜材料，涂层厚度等于凹、凸模单边间隙值，方法简便，对于大间隙情况很适用。（　　）

8. 以导向板作基准件进行装配时，凸模应通过导向板装入上模座，再装入固定板，然后再装凹模和下模座。（　　）

三、选择题（将正确的答案填在横线上）

1. 复合模的特点是生产率高，但结构复杂，成本高，主要用于________的冲裁件。

A. 生产批量大、精度要求高

B. 生产批量大、精度要求低

C. 生产批量小、精度要求高

2. 正装式复合模较适用于冲制________的制件。

A. 材质较硬　　B. 板料较厚　　C. 平直度要求较高

3. 级进成形属于________的工艺方法，可使切边、切口、切槽、冲孔、塑性成形、落料等多种不同性质的冲压工序在一副模具上完成。

A. 工序集中　　B. 工序分散　　C. 工位集中

4. 根据级进模定位零件的特征，级进模有用导正销定位及________两种典型结构。

A. 导板导向定位　　B. 固定挡料销定位　　C. 侧刃定距定位

5. 复合模的装配技术要求规定，冲裁凸、凹模的配合间隙必须均匀，其误差不大于规定间隙的________。

A. 10%　　B. 20%　　C. 30%

6. 用镀铜法调整凸、凹模的间隙时，镀层在冲模使用过程中会________，故装配后不必去除。

A. 自行剥落　　B. 自动消失　　C. 逐渐减小

7. 对于导柱复合模，一般先装________，然后找正________中凸凹模的位置，按照冲孔凸模型孔加工出排料孔。

A. 上模、上模　　B. 下模、下模　　C. 上模、下模

四、简答题

1. 复合模、级进模的装配技术要求有哪些？

2. 简述级进模的装配顺序。

课题二　复杂冷冲压模具的安装与调试

一、填空题（将正确的答案填在横线上）

1. 曲柄压力机由________、________、________、__________、能源部分组成。

2. 曲柄压力机的传动机构包括带轮、飞轮、齿轮、传动轴、曲柄。电动机通过 V 带将电能传给________，再通过________经小齿轮及大齿轮传给________，并经连杆把________的旋转运动转换成滑块的___________运动。

3. 曲柄压力机的主要技术参数有________、________、___________、最大装模高度、______________、___________、__________、工作台孔尺寸、立柱间距离和模柄孔径。

4. 封闭高度是指滑块在下止点时滑块下表面到工作台上表面的高度。当滑块调整到上极限位置时，称为__________高度；相反，当滑块调整到下极限位置时，其封闭高度为_________高度。

5. 冷冲压设备在工作前，应空运转________min，还要检查制动器、离合器等部分的工作情况。

6. 检查冷冲模是否具备安装条件，首先应检查模具的_________是否与压力机相适应，压力机的________是否满足冷冲模工艺压力的要求，其次检查冷冲模的___________位置是否与压力机一致，最后检查________的长度与直径是否与压力机上的打料机构相适应。

7. 双动压力机有双动________和双动________两种。其中，双动________有一个外滑块和一个内滑块，外滑块上固定压料圈，作________用，内滑块上固定凸模，作________用。

8. 对于带有压边圈的拉深模，应对压边力进行调整。这是因为，压边力过大，制品易被_________；压边力太小，制品又易_________。因此，在装模具时，应边_________边

________，直到合适为止。

9. 冷冲模安装后，凸模的中心线与凹模工作平面应________________，凸模与凹模间隙应________。

10. V 形弯曲件产生回弹造成制件尺寸和形状不合格时，应减少凸模________，即采取__________的办法减少回弹影响。

11. 在冷冲压试冲中能否正确使用冷冲模，对于冷冲模的_________、工作的安全性、____________等有很大影响。

12. 冷冲模在使用一段时间后，应定期进行检查，刃磨刃口，每次刃磨时的刃磨量不应太________，一般为______________，刃磨后应用________进行修整。使用过程中应经常对________、________进行润滑。

二、判断题（在括号内正确的打“√”，错误的打“×”）

1. 常用的冷冲压设备可分为机械压力机和液压机两大类，其中曲柄压力机是一种最常用的机械式冷冲压设备。（ ）

2. 曲柄压力机的操纵机构主要通过离合器来控制脚踏板及制动器。（ ）

3. 曲柄压力机的公称压力是指滑块运动到距下止点某一特定距离或曲柄旋转到距下止点某一特定角度时滑块上所允许承受的最小工作压力。（ ）

4. 冷冲模在安装过程中要注意压力机的闭合高度和模具的高度，可先将压力机的滑块调到下止点，测量滑块底部到工作台台面的高度，此高度应大于模具的高度。（ ）

5. 冷冲模试冲最少数量为：小型模具不少于 50 件，硅钢片不少于 200 件，自动冷冲模连续时间不少于 3 min。（ ）

6. 落料凹模有倒锥，当制件从凹模孔中通过时，制件边缘被挤出毛刺，解决的办法是更换凹模。（ ）

7. 推件块与制件的接触面积过小，推件时，制件内孔外形边缘的材料在推力作用下产生翘曲变形会导致制件翘曲不平。（ ）

8. 弯曲件出现挠度或扭转，是因为中性层内外变化及收缩、弯曲量不一致，解决办法是改变设计，将弹性变形设计在与挠度方向相反的方向上。（ ）

9. 凸缘部分压边力太小，无法抵制过大的切向压边力引起的切向变形，因而失去稳定而形成皱纹，导致拉深件的凸缘起皱，正确的解决方法是增加压边力。（ ）

10. 精冲压模的制件有塌角，是由于凹模圆角半径太大或反向压力太大。（ ）

11. 用压块将下模紧固在工作台台面上时，其紧固用的螺栓拧入螺孔中的长度应不小于螺栓直径的 3 ~4 倍，压块应平行于工作台台面，不能倾斜。（ ）

12. 在冲压过程中可以进行叠片冲压，以提高冲压效率。（ ）

三、选择题（将正确的答案填在横线上）

1. 曲柄压力机支承部分的作用主要是将压力机所有零部件连接在一起，成为整体。工作台上装有垫板，主要用于安装固定________。

A. 上模　　B. 下模　　C. 模柄

2. 曲柄压力机的连杆上端装在曲柄上，下端与滑块铰接。滑块通过床身的导轨，在连杆作用下作________运动。

A. 圆周　　B. 左右往复　　C. 上下往复

3. 滑块行程是指滑块在曲柄旋转一周时从上止点到下止点所经过的距离，其数值是曲柄半径的________。

A. 一倍　　B. 两倍　　C. 三倍

4. 在双动压力机上安装冷冲模，首先应调节压力机内、外滑块到最高点，并将内、外滑块停于________。

A. 中间点　　B. 下止点　　C. 上止点

5. 拉深模与弯曲模在安装时，最好在凸、凹模之间垫________，以便于调整间隙值。

A. 铜片　　B. 纸片　　C. 试件

6. 在安装过程中，冲裁厚度小于2 mm时，凸模进入凹模的深度不应超过0.8 mm，对于硬质合金模具，深度不应超过________mm。

A. 0.5　　B. 1　　C. 1.5

7. 卸料板、推件板的孔位不正确或歪斜会导致________。

A. 卸料不正常

B. 凸、凹模刃口间隙偏大

C. 凸、凹模刃口相碰造成啃刃

8. 精冲压模的冲裁面呈波浪形，制件有暗伤的解决方法，一是重磨凹模，使圆角半径变小，二是重磨凸模，________。

A. 使刃口锋利　　B. 加大间隙值　　C. 减小间隙值

9. 安装后的冷冲模，所有凸模中心线都应与凹模平面________，否则会使刃口啃坏。

A. 垂直　　B. 平行　　C. 平行或垂直

四、简答题

1. 简述曲柄压力机的传动原理。

2. 简述冷冲压设备在工作中的安全操作注意事项。

3. 简述在单动压力机上安装冷冲模的方法。

4. 冷冲模调试的目的是什么？

5. 简述冷冲模的调试步骤。

课题三　复杂冷冲压模具的修理与维护

一、填空题（将正确的答案填在横线上）

1. 冷冲模零件的更换一定要符合原图样规定的__________和__________。

2. 冷冲模工作零件表面出现磨损，主要特征表现为________的磨损、____________的磨损、模具其他部位的磨损。

3. 当冲裁模的凸模、凹模刃口变钝时，一般不必将模具________，可用几种不同规格的________加煤油直接在刃口面上沿同一方向来回________，直到刃口__________为止。

4. 模具中有许多螺纹孔和销孔，螺纹孔损坏的修理方法有____________法和________法，销孔损坏的修理方法有__________法、__________法和__________法。

5. 连续模中的导料板，因长期磨损使位置发生变化，影响冲裁质量，如磨损严重，应在______________后，再__________继续使用，如果局部磨损，可以____________后继续使用。

6. 冲裁模的凸模、凹模刃口磨损较大或有崩裂现象时，应拆卸凸模、凹模，用__________磨削。

7. 电镀主要用于模具中需提高__________、增加________及________要求的凹模或型芯零件。电镀的方法有很多，应用在模具方面的主要有__________和化学镀镍法。

二、判断题（在括号内正确的打“√”，错误的打“×”）

1. 检修后的冷冲模一定要进行试冲和调整，直到冲出合格的制件后，方可交付使用。（　）

2. 拉深模压边力不足或压边力不均匀，会导致弯曲过程中的磨损。（　）

3. 冲压时，由于操作失误，制件或废料未及时排除，又送到了刃口部位，会造成工作零件的裂损。（　）

4. 利用铣床或线切割等加工方法将需修理的部位加工成凹坑或通孔，然后用一个镶件

嵌入凹坑或通孔中以达到修理的目的，这种修理方法叫增生修理法。 ( )

5. 定位钉因长期磨损使定位不准，应更换新的定位钉，不用重新调整便可使用。 ( )

6. 在冲压过程中，直径较小的凸模容易折断。可重新换一个新的凸模，但换好的凸模固定板组件要用磨床磨削刃口面，直到与更换的凸模保持同一尺寸。 ( )

7. 焊接方法是修补模具的开裂和亏缺部分的一种常用方法，焊后可以不用对型腔进行修整和精加工。 ( )

8. 模具使用后，要按正常操作程序将模具从机床上卸下，绝对不能乱拆乱卸，拆卸后的模具要擦拭干净，并涂油防锈。 ( )

三、选择题（将正确的答案填在横线上）

1. 以下________不属于冲裁模工作零件表面磨损的产生原因。

A. 凸、凹模材料选择不当或热处理不当

B. 冲压模本身结构设计不合理

C. 模具的缓冲系统顶件力不足，弹簧或橡胶块弹力不够

2. 连续模的挡料块及导板由于与条料之间产生摩擦，在长期使用之后产生磨损，属于________的磨损。

A. 定位零件　　B. 导向零件　　C. 结构件

3. 凹模排料孔不通畅，如有台肩，排件或排废料受阻，造成凹模胀裂，属于________方面造成的裂损。

A. 模具制造　　B. 模具设计　　C. 操作

4. 当型腔面的局部因加工过程失误或其他原因出现损坏，且采用焊接、镶件修理又不适宜时，可采用________。

A. 扩孔修理　　B. 焊接修理　　C. 增生修理

5. 导柱、导套精度低，未起导向作用，使得凸模、凹模发生偏移，引起凸模、凹模间隙不均匀的修理方法是________。

A. 用焊接法修磨导柱、导套

B. 用平面磨床磨削凸、凹模刃口

C. 对导柱、导套进行镀铬修理

6. 对于冲蚀和龟裂较严重的情况，可以对模具表面进行渗氮处理，以提高模具表面的硬度和耐磨性，渗氮基体的硬度应在________HRC。

A. 35 ~ 43　　B. 45 ~ 53　　C. 55 ~ 63

四、简答题

1. 简述冷冲模修理的步骤。

2. 简述模具使用前的准备工作。

模块六 复杂塑料成型模具的装配、调试与维修

课题一 复杂塑料成型模具的装配

一、填空题（将正确的答案填在横线上）

1. 侧向抽芯塑料成型模开模时，________不动，________在注塑机的作用下后退，滑块（侧抽芯）在________的作用下一边沿________方向运动，一边沿侧向运动，其中沿侧向的运动使模具的________零件脱离倒钩，实现动模外侧抽芯。

2. 热流道模又叫________，是在传统的二板模或三板模内的主流道与分流道部位加设________，在注射过程中不断加热，使流道内的塑料始终处于________状态，塑料不会________，也不会形成流道与制件一起脱模，从而达到无流道凝料或少流道凝料的目的。

3. 热流道模的热流道浇注系统主要由________、________、________组成。

4. 楔紧块的装配技术要求为：楔紧块斜面和滑块斜面必须________；模具闭合后，保证楔紧块和滑块之间具有________，其方法为在装配过程中使楔紧块和滑块接触后，分型面之间留有________mm 的间隙；在模具使用过程中，楔紧块应保证在受力状态下不向闭模方向________，也需使楔紧块的后端面与定模在________上。

5. 型芯与固定板装配的方法有：________型芯与固定板的装配、________型芯与固定板的装配、________型芯与固定板的装配。

6. 单件圆形整体型腔凹模的镶入方法有：________法、________法、________法、________法。

7. 由拼块镶入模板而组成模框时，拼块的尺寸均可在________时正确控制，但需注意各拼块在拼合后的拼合面间不应存在________，以防止模具使用时________。因此，在磨削时可用红粉检查各拼合面是否________。

8. 楔紧块的装配形式有：________式、________式、________式、整体镶片式。

9. 注射模装配常用的方法有：________法、________法、________法、调整装配法。

二、判断题（在括号内正确的打“√”，错误的打“×”）

1. 三板模通常采用点浇口，所以叫大水口模。（ ）

2. 热流道模通过热流道板、热射嘴及其温度控制系统来有效控制注射机的喷嘴处到模具型腔之间的塑料流动，使模具在成型时能提高塑料制件的质量。（ ）

3. 型芯固定板的通孔和沉孔孔口处一般呈圆角，而型芯上与之对应的配合部位呈清角。（ ）

4. 型芯高度与固定板厚度在装配后要符合设计尺寸要求。若装配时发现型芯台肩高出固定板的端面，在确认压到底的情况下应将配合端面在平面磨床上磨平。 ( )

5. 面积大而高度低的型芯，常用螺钉、销钉直接与固定板连接。 ( )

6. 镗斜导柱孔是在滑块、动模板和定模板分开的情况下进行的。 ( )

三、选择题（将正确的答案填在横线上）

1. 三板式塑料注射模具是指________。

A. 单分型面塑料注射模具

B. 双分型面塑料注射模具

C. 双型腔塑料注射模具

2. 热流道系统的加热方式有________种。

A. 2　　B. 3　　C. 4

3. 型芯端部四周需修出斜度，以便于将型芯压入固定板并防止切坏孔壁，对于在型芯上不允许修出斜度的情况，可以将固定板修出斜度，此时取斜度小于________，取高度小于5 mm。

A. 3°　　B. 2°　　C. 1°

4. 型芯压入固定板前，在型芯表面涂润滑油，固定板放在等高垫块上，型芯导入部分放入固定板孔内后，应测量并校正其垂直度误差，然后缓慢压入。型芯约压入________时，再测量并校正一次垂直度误差。

A. 1/4　　B. 1/3　　C. 一半

5. 滑块抽芯机构的装配技术要求规定，合模后滑块应被锁紧，滑块与锁模块的接触面积不少于________。

A. 1/3　　B. 3/4　　C. 2/5

6. 型腔凹模和动、定模板镶合后，型面上要求紧密无缝，因此型腔凹模的压入端一般不允许修出斜度，而将导入斜度设在________上。

A. 凹模　　B. 模板　　C. 两者均可

四、简答题

1. 简述三板模和二板模的主要区别。

2. 简述型腔凹模与动、定模板装配技术要求。

3. 简述滑块抽芯机构的装配步骤。

4. 简述侧向抽芯塑料模的装配技术要求。

课题二　复杂塑料成型模具的安装与调试

一、填空题（将正确的答案填在横线上）

1. 注射机按外形结构分可分为________注射机、________注射机和________注射机。其中________注射机是目前国内外注射机中最基本的类型。

2. 电动式注射机合模装置使用________________，配以________、________齿形带以及________等元器件驱动各机构。它最根本的特点是所有驱动模块全为________，而非传统的液压式。

3. 根据注射模的要求选择注射机，包括注射机的________、________、________、

________、________、________等各种技术参数是否满足模具的要求。

4. 注射模的调整方法主要是调整________________、调整______________、校正______________的相对位置及__________情况。

5. 注射量是指注射机螺杆在__________的条件下，注射螺杆做一次最大的_______所注射的胶量。注射量在一定程度上反映了注射机的_________。

6. 试模的目的有两个：一是确定__________；二是取得制件成型工艺_________，为正常生产打下基础。

7. 注射模按成型要求，调节加料方式主要有：_______、_________、_______。

8. 模具的浇口太小，多腔进料口大小不一致，进料不平衡会使制件尺寸_______。

9. 塑料流动性太_______，料温、模温_______，注射速度_______，会造成制件有溢边，要更换塑料，重新调整注射速度，_______料温、模温。

10. 制件表面或内部产生明显细缝的主要原因之一，是制件较_______，嵌件过_______或_________，使料在薄壁处汇合出现_______不良，必须重新改进制件设计，使之符合工艺性。

二、判断题（在括号内正确的打“√”，错误的打“×”）

1. 往复式螺杆注射机使用的是柱塞式注射装置，由注射液压缸、注射座和注射座移动液压缸、加热装置等组成。（　）

2. 注射机按合模装置的结构形式分可分为液压—机械式注射机、全液压式注射机以及电动式注射机。（　）

3. 模具的吊装有整体吊装和分体吊装两种方法，小型模具的安装常采用整体吊装。（　）

4. 注射模的定位圈主要用于模具与浇口套定位，安装在定模座板上。（　）

5. 调整注射机动、定模板间的装模厚度，应略大于模具闭合高度 2 ~ 5 mm。（　）

6. 为了克服熔料流经喷嘴、浇道和型腔时的流动阻力，螺杆（或柱塞）对熔料必须施加足够的压力，这种压力称之为注射压力。（　）

7. 成型模具腔内的注射压力与熔料的注射压力、黏度、塑化条件及制件形状、模具结构和冷却定型温度有关。（　）

8. 调节锁模系统及缓冲装置时，应按模具闭合高度、开模距离进行调节，应保证开模距离要求。开闭模具时要平稳缓慢，锁模力尽可能调紧些。（　）

9. 模具排气不当，无冷料井或冷料井设计不合理会造成制件填充不满。（　）

10. 塑料中或型腔表面有可燃性挥发物，会使制件表面产生色彩不均或变色现象。（　）

三、选择题（将正确的答案填在横线上）

1. 柱塞式注射装置主要由料斗、加料计量装置、________、注射液压缸、注射座移动液压缸等组成。

A. 塑化部件　　B. 螺杆注射装置　　C. 加热装置

2. 安装注射机前，要接通电源启动注射机，使动模板、定模板处于________状态。

A. 闭合　　B. 静止　　C. 开启

3. 安装注射模时应平稳可靠，要求压板________，压板要放平，不得倾斜，且尽量靠模脚。

A. 先单边压紧　　B. 对角压紧　　C. 四向同时压紧

4. 大型注射模具分体吊装时，定模的安装主要是通过模具上的________与注射机定模板上定位孔的配合来对准定心的。

A. 定位销　　B. 定位圈　　C. 模柄

5. 调整注射模的顶出机构时，模具慢速开模，直到动模板到位停止后退，这时把推杆位置调到模具上的推板与模体之间尚留有________mm 的间隙，既要防止顶坏模具，又要能顶出制件，保证顶出距离。

A. 5 ~ 10　　B. 1 ~ 3　　C. 0.5 ~ 1

6. 锁模力是指注射机的合模机构对模具所能施加的________。

A. 最大夹紧力　　B. 最小夹紧力　　C. 注射力

7. 注射成型是一个循环的过程，每一周期主要包括定量加料→熔融塑化→注射→保压→________→启模取件，然后再闭模，进行下一个循环。

A. 固化　　B. 保温　　C. 冷却

8. 制件的设计不合理，壁太厚或薄厚不均，会导致________。

A. 制件有气泡

B. 制件产生凹痕、塌坑或气泡

C. 制件有溢边

9. 模具型腔有水，润滑剂、脱模剂使用太多，制件表面沿流动方向会产生________。

A. 熔接痕　　B. 水痕　　C. 细缝

10. 模具顶出机构受力不均，顶杆位置布置不合理，会导致制件________。

A. 翘曲或变形　　B. 产生裂纹　　C. 脱模困难

四、简答题

1. 简述注射机的基本动作原理。

2．注射模的试模要求有哪些？

3．热固性塑料注塑模试模前的注射机调整与热塑性塑料注塑模有何不同？

4．简述注射模的调试注意事项。

课题三　复杂塑料成型模具的修理与维护

一、填空题（将正确的答案填在横线上）

1．塑料成型模具的检修原则，一是塑料成型模具零件的更换，一定要符合原图样规定的__________和__________；二是检修后的塑料成型模具一定要重新__________和________，直到生产出合格的制件后，方可__________。

2. 根据检查结果编制修理方案卡片，卡片上应记载如下内容：________、________、使用时间、____________及修理前的制件质量、检查结果及主要损坏部位、_________及修理后能达到的性能要求。

3. 镶件修理利用铣削或线切割等加工方法将需修理的部位加工成凹坑或________，然后用一个镶件嵌入________或________里达到修理的目的。

4. 成型零件的维护与保养，主要是检验型芯及镶件的________、________、表面粗糙度是否良好，有无________、________；型腔、型芯及镶件的相互装配____________、状态、________是否正确，是否__________。

5. 对冷却系统要检查冷却水孔的________是否有污垢，冷却水管________是否完好，有无________或________，以免影响冷却效果。

二、判断题（在括号内正确的打"√"，错误的打"×"）

1. 应按修理方案卡上规定的修理方案拆卸损坏部位，拆卸时，可以不拆的尽量不拆，以减少重新装配时的调整和研配工作。（　　）

2. 堆焊修理是采用低温氩弧焊或手工电弧焊等方法在需要修复的部位进行堆焊，它主要用来修理局部损坏或需要补缺的地方，焊后可不用修整即可使用。（　　）

3. 电镀修理在模具上主要用于有降低表面粗糙度值、降低硬度及增加耐腐蚀性等要求的型腔和型芯零件上。（　　）

4. 检验浇口套的冷料拉料杆的类型、形状、尺寸主要检验其是否符合要求，能否拉住冷料。（　　）

5. 型腔、型芯或分型面的末端应设置排气孔，且排气孔大小要合适。（　　）

三、选择题（将正确的答案填在横线上）

1. 以下________不是模具临时修理的主要内容。
   A. 紧固松动的模具零件
   B. 更换新的顶杆、复位杆
   C. 抛光模具型腔

2. 当模具的型面局部有浅而小的伤痕时，常采用________方法进行修理。
   A. 堆焊修理　　B. 凿捻修理　　C. 电镀修理

3. 镀层的方法有很多种，应用在模具方面的主要有________和化学镀镍。
   A. 电镀锌　　B. 电镀铬　　C. 电镀铜

4. 检验分型面和分模面的间隙主要检验其是否合理，是否会产生________。
   A. 溢边　　B. 压痕　　C. 变形

5. 模具要定期进行维护和保养，其中检查模具型腔面是否渗水应________查看一次。
   A. 每天　　B. 每周　　C. 每月

四、简答题

1. 塑料成型模具的维护保养内容中，浇注系统的检验内容有哪些？

2. 简述注塑模具使用时的注意事项。